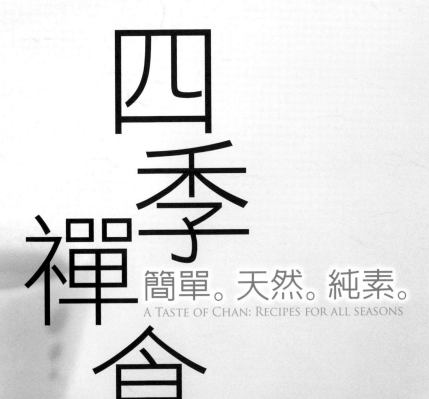

四季禪食

簡單。天然。純素。

A TASTE OF CHAN: RECIPES FOR ALL SEASONS

林孝雲 著

〔自序〕吃出禪悅自在

在歐美、地中海區域及太平洋一帶國家,人們茹素的本意以健康、環保及護生為主,不會盲目追求口欲和尋找葷食代替品。世界上第一個非營利國際素食團體在1908年於德國成立,名為國際素食聯盟(IVU),會員來自世界各國,每二、三年辦一次國際素食聚會,直到去年為止,一共舉辦了三十八屆,今年10月會在印尼的雅加達舉辦例會。國際素食聯盟的宗旨為推廣區域性環保護生、健康飲食的合作和研究。根據國際素食聯盟的定義,素食分類為二,即蛋奶素和純素。蛋奶素的素食者不食用一切肉類,但食用蛋類、奶類、乳酪類製品。純素的素食者則不用蛋類、奶類、乳酪類及一切含動物成分的食物。

在亞洲及東南亞一帶,除日本、韓國和印度之外,一般傳統素食菜餚都會模仿葷食味道,採用葷食名稱,應用麵筋、素肉等一類食材仿做葷食,例如用香菇蒂仿雞肉、蒟蒻仿海鮮、大豆蛋白仿牛肉、豆包捲仿魚肉等,不注重蔬菜,只用來做菜色配搭。主食食用精製白飯、白麵,烹調手法以油炸居多,並以味精調味,如果不加化學添加物的話,食物可能會完全沒有味道。像這樣的烹調手法極其油膩,不但鹽分過高,糖分也過量,忽略了營養調配,也忽視了素食的本質。如果有人想改變葷食的飲食習慣,而以此種素食法為依據的話,恐怕吃沒幾餐,就會打退堂鼓了。

由於我曾深受其害,所以決定領導潮流,改革素食文化,還原素食清新面貌,讓素食成為一種時尚健康、環保護生的飲食文化。經過了十七年的努力,我在馬來西亞已經開拓出一片片清涼無污染的純素土地。有鑑於素食廚師的專業訓練普遍缺乏,我於2000年創立了東南亞正食純素料理專門研究院,訓練環保綠色廚師,以環保護生為依據,推廣純淨飲食,藉此淨化人心,進而促進世界和平。

我習禪多年,大約在十多年前,就發願要寫一本適合禪者的食譜,可惜一直沒有機會完成。我雖然來自熱帶國家馬來西亞,但是每年都會在年終時,定期到台灣、美國、日本或韓國參禪,也因為如此,讓我發現到很多關於禪修飲食調配不當的問題。

第一是營養調配不當，第二是加工食品、素料的過度使用（尤其是台灣），第三是當令食物使用不當。

　　所謂：「食輪不轉，法輪不動。」飲食如果調配得好，可以幫助禪者修行得力；反之，則可能會讓禪者身心不安，難以專注在禪法上。一般禪食最常見的問題，就是忽略了當令食材和營養調配。如果在冬季食用夏季食物，不只身體會倍感寒涼，還會讓人即使連吃了幾碗，還是沒有飽足的感覺。例如快炒葉菜便是夏季食物，不足以禦寒；水果配豆漿難消化，腸胃會不舒服；白飯缺乏纖維質，吃太多會容易便祕。因此，在禪修期間如何調整飲食、吃對食物，可說是當務之急，這也是引發我大力推廣禪食的原因。

　　禪食是無蛋、奶的純素飲食，從禪修的角度來看，推廣無蛋、奶的純素飲食，可以輔助修行。雞蛋和奶類、乳酪類食品都是高脂肪及高度酸性食物，會導致禪修時容

易疲勞和昏沉，也會使肝臟緊繃，晚間難以入眠，早上難以起床，讓修行難以得力。因此，我希望能以禪食幫助大家在禪修上，更加身心自在。

　　這本禪食食譜是結合我多年的研究和經驗所寫成，強調清爽不油膩，不用素料、化學添加物或色素配料，全部都是取自大地的天然食材，調配均衡，適合學佛禪修精進者做為提昇精神層次的調身方法之一，也適合一般未學佛者做為身體保健和環保護生的依據和應用，並培養慈悲心。以禪心調製料理，食用者會感受

到歡喜心和平安心。希望能藉此食譜拋磚引玉，與有志研究禪食者共勉。

我於2009年，恰好再度遇見法鼓文化出版社編輯總監果賢法師，經由法師的盛情力邀，也有感於因緣已具足，所以就開始籌備禪食食譜。然而在籌備期間，剛好正逢我的餐廳新分店開張，又在教導綠色廚師課程，還要同時策畫和參與多項大型國際素食活動，實在是分身乏術，但是既然已發願，就應該要承擔做好，所以仍是盡力去做。

聖嚴法師曾經說過：「忙人時間最多。」我便以此自勉，保持每天定時禪坐，沉澱身心，除掉雜念，提昇腦部能量，盡量利用時間，安排規律作息，結果終於如期把食譜寫好了，不負果賢法師所託，也讓編輯鬆了一口氣。

我期望禪食能夠發揚光大，成為中華飲食文化大主流，願大家都能夠以禪食吃出身心健康，吃出禪悅自在。

林秋宴

為讓大家吃得健康營養，因此本書建議盡量選用優良天然食材，無添加人工添加物與化學成分，如果有些食材在傳統市場買不到，可以到超級市場與有機商店購買。

本書使用計量單位

● 1大匙（湯匙）＝15cc（ml）＝15公克　● 1小匙（茶匙）＝5cc（ml）＝5公克
● 1公斤＝1000公克　● 1杯＝240cc（ml）

CONTENTS 目錄

〔自序〕吃出禪悅自在 002

〔禪食介紹〕禪食，當下最美好 008

春季禪食 *Spring*

春季禪食精進餐 014

開胃菜：七彩海菜沙拉 016

主食：春菊薏米粥 018

主菜：艾草嫩豆腐 020

配菜：酵素紫高麗菜泡菜 022

配菜：青紅椒炒茴香頭 024

配菜：麻油拌山藥大頭菜 026

飲料：麥茶 027

春季禪食活力餐 028

開胃菜：蘋果紫蘇纖蔬沙拉 030

湯品：高麗菜豆漿湯 032

主食：綠豆薏仁糙米飯 034

主菜：芝麻豆腐 036

配菜：橄欖醬炒青江菜 038

甜點：木瓜寒天布丁 040

夏季禪食 *Summer*

夏季禪食消暑餐 044

開胃菜：五色海苔生菜捲 046

湯：番茄地瓜湯 048

主食：蘿蔔煎餅 050

主菜：照燒白蘆筍 052

配菜：梅醋紅莧菜 053

甜點：香蕉核桃糙米糕 054

夏季禪食清心餐 056

開胃菜：味噌豆腐蔬菜沙拉 058

湯品：白花椰菜濃湯 060

主食：七彩小米飯 062

主菜：油豆腐芥蘭菜花 064

配菜：茄醬雞豆 065

飲料：葉綠素甘藍蘋果汁 066

秋季禪食 *Autumn*

秋季禪食健身餐 070
開胃菜：菊花茴香泡菜 072
湯品：蓮藕白眉豆湯 074
主食：小米飯 076
主菜：海苔馬鈴薯排 078
配菜：甜菜寒天拌地瓜葉 080
甜點：毛豆糕 082

秋季禪食自在餐 084
開胃菜：納豆拌秋葵 086
湯品：香菇濃湯 088
主食：紫米小米飯糰 090
主菜：清燉花椒白蘿蔔 092
配菜：辣椒炒大白菜 094
飲料：梨子烏梅湯 096
甜點：開心果栗子餅 098

冬季禪食 *Winter*

冬季禪食溫暖餐 102
開胃菜：蘿蔔葉松子 104
主食：蕎麥麵豆渣鍋 106
主菜：蒟蒻燜大頭菜 108
配菜：南瓜煎 110
飲料：黑豆蕎麥茶 112
甜點：黑芝麻脆餅 113

冬季禪食滋補餐 114
開胃菜：桂圓榛果 116
湯品：乾蘿蔔香菇胡椒湯 118
主食：芥菜泡菜五味飯 120
主菜：紅豆紅棗燜冬瓜 122
配菜：綠花椰菜煮海帶芽 124
甜點：小巧草莓杯子糕 126

〔禪食介紹〕禪食，當下最美好

　　禪食食譜的設計和食物調配方式，是根據我們所居住的地理環境、氣候、季節、年齡、性別、工作、個人健康狀況及活動量而定。食材要選擇當季材料為宜，烹飪方法要輕快簡便，例如蒸煮、快炒、汆燙、生食等，並做適量的調味即可。

　　烹調方法和食材選擇必須根據季節而改變，才能和大自然環境協調，建議可以掌握以下的原則：氣溫低時，烹煮時間長一些、調味重一些；氣溫高時，烹煮時間短一些、調味淡一些。空氣乾燥時，水分量多一些；濕氣重時，水分量少一些。

順應大自然規律

　　烹飪是一種生活藝術。我們的思想、言語和動作反映了我們的生理、心理和精神上的健康狀態。生理、心理和精神上的健康是烹飪與飲食的基礎。如果從選擇食材到調配、烹飪和飲食，都能夠順應大自然規律，那就是掌握了生活烹飪藝術。料理如果能夠讓心與身體、大自然環境協調的話，那就有了禪的身心不二精神，身在哪裡，心就在哪裡，身心合一。

身土不二

人的身體是離不開所生長的環境的，食用家鄉當地、當季盛產的食物，可以說是最環保養生的飲食生活。身土不二的觀念，就在提醒人要多食用本地的食物。

飯碗裡的食物，一粥一飯皆得來不易，量彼來處，從一粒米、一葉菜到一滴水，都需要聚合整個大宇宙的能量，才能得以入口。大宇宙的能量包括太陽、月亮、星星、微波、氧氣、二氧化碳、水源、種子、農夫、工具、心思、時間、鬆土、播種、灌溉、栽培、收割、整理、調配、烹飪，以及上菜，這些無不包含了宇宙的整體生命。如果大自然宇宙的生命能量被污染了，使得農作物受到污染，我們食用污染的食物，身體就會不健康。由此可見，身體和大自然環境的互動關係，是極其密切的。

因為時代的變遷，我們的社會也火速邁入速食時代，讓食物愈來愈精細，卻也添加了許多有害人體的化學物質，再加上現代家庭往往外食居多，難得全家同桌團圓。長期攝取含化學物質的食品加上偏差的飲食生活方式，使得人們的健康堪虞，沒有健康的身體，修行難以安心專注。保護大自然環境，也等於是保護我們自己的身體，有清淨健康的大自然環境，才有清淨健康的身體可以安心修行。

醫食同源

乾淨無污染的食物具有療效作用。為了環保護生，建議盡量選擇有機栽培的食物。護生即保護生命，其中也包括了我們自己的生命。純素即不食用含有動物、酒、奶、蛋，以及五辛刺激的食物。五辛食物包括蔥、蒜、韭、蕎、洋蔥等，它們的刺激性強，會影響禪者神經系統的穩定性。為了健康，最好也避免食用精製的白糖、鹽與化學加工食品，這樣除了可以達到養生的效果，還能夠幫助人安心禪修。

除了保護生命，也要保護土地。化學農藥會污染土地，破壞水源和生態平衡。只

有清淨無染的土地才能確保農耕無毒害和生命
永續。希望能夠讓生命回歸自然，以簡單的群
體生活和規律的作息，讓生活禪自然落實在日
常飲食裡，食物與身心皆不受污染。

一物全體

　　本書所設計的食譜，獨特之處就在於保存
食物的完整能量。例如吃白蘿蔔時，不必削
皮，連同葉子也一起吃，這樣就能完整吃到食物的能量；又如白米飯的能量欠缺，糙
米飯才具有完整能量，所以盡量多吃糙米飯，少吃白米飯。

營養調配均衡

　　純素者的食物要多元化，才能達到營養調配均衡，提昇生命力。建議調配的方式
如下：50％至60％為五穀類、20％至30％為蔬果類、5％至10％為豆類與海菜類、5％
至10％為堅果和種子類，並且食用健康甜點與無咖啡因飲料。

　　五穀類包括薏米、玉米、小米、糙米、紅豆、小麥或蕎麥；蔬果類包括葉菜類、
瓜果類和根莖類；豆類包括新鮮豆類和乾豆類；海菜類包括昆布、海帶芽、長海帶
芽、荒布、紅海藻、海苔、寒天等；堅果類包括榛果、杏仁、腰果、夏威夷果、核桃
等；種子類包括芝麻、松子、葵花子、南瓜子、亞麻子等。

　　在菜餚搭配方面，建議最好是一碗糙米飯、一碗湯、一碟蔬菜、一盤泡菜、一道
豆類或海菜、一些種子或堅果。海菜與泡菜可以補給礦物質和維生素，不妨每餐多補
充一些海菜。

生活方式

　　想要在人間淨土體會無煩惱的禪悅人生，除了食用令身心健康的禪食，還需要一個有規律的禪式生活。建議如下：

1.早上固定清晨時間起床，晚上10點前就寢。

2.每日定時用餐，晚餐從簡。

3.吃飯時細細咀嚼，不但對腸胃好，而且有定心作用。

4.把生活腳步放緩，盡量安排時間禪修，學習與自己和平相處，以禪的智慧解除生活的壓力和煩惱。

5.提昇活動量，參加戶外活動，與大自然相處，回歸自然。

6.綠化家居環境，推廣城市農耕，盡量自給自足，減少仰賴能源。

7.落實環保回收，資源再運用。需要的才買，不需要的不買。

8.把生活簡單化，減少煩惱。

9.關心別人，以熱誠待人。

10.保持一顆赤子之心。

11.每日自省。

12.時時心懷感恩。

　　祝福你的每一天，不論是在為大家料理禪食，

或是享用禪食，都能在禪食中，體會到最美好的「禪食當下」。

春
季禪食
Spring

春季禪食精進餐

當春天來臨時，春菜的新芽綠意，象徵大地的甦醒，充滿著清新的活力。因此，我們要開始準備比較清爽的食物，早餐要注意暖胃，午餐可調配一些生食，搭配稍微煮熟的食物，以及泡菜、海菜、豆類、種子或堅果一類，適合春季食用的食物。米飯可以選用薏米、春麥或糙米烹調，調味方面要輕淡一些，才能與春季的活力能量相應。

春季禪食套餐的設計，也格外重視食物能否與人類消化系統的構造、功能相應。在這一個春季禪食套餐，所提供的菜餚安排，都是非常容易消化吸收，可以輕鬆轉化為身體能量。沙拉、泡菜可以開胃，春菊薏米粥、艾草嫩豆腐清新健康，再搭配幾道爽口小菜與麥茶，就是美好的一餐。

在嘗試料理禪食食譜時，不只是烹調習慣可能需要調整，飲食分量也要開始減少，飲食只吃七分飽，才能夠體會到禪食裡的禪心，少量知足心安定。飲食變得簡單了，心就能感受到人生的豐富自在。

菜單

開胃菜
七彩海菜沙拉

主食
春菊薏米粥

主菜
艾草嫩豆腐

配菜
酵素紫高麗菜泡菜

配菜
青紅椒炒茴香頭

配菜
麻油拌山藥大頭菜

飲料
麥茶

七彩海菜沙拉

材料（2人份）

小番茄 ………………………… 4個
五彩乾海菜（寒天、裙帶菜、紅海藻、紅毛苔、黑海苔）……… 8公克
紅蘿蔔 ………………………… 60公克
白蘿蔔 ………………………… 50公克
紅色、綠色生菜 ………… 各2片
熟全麥輪麩 …………………… 1個
天然海鹽 ……………………… 少許
葵花子 ………………………… 2小匙

沙拉醬

糙米醋 ………………………… 4小匙
麻油 …………………………… 4小匙
薑汁 …………………………… 1小匙

做法

1 小番茄與五彩乾海菜的寒天、裙帶菜、紅海藻，用水清洗後，瀝乾水分；紅蘿蔔、白蘿蔔分別切絲，用少許海鹽調和，靜置5分鐘，擠乾水分；葵花子用烤箱烤香，備用。

2 沙拉醬醬料調和後，加入五彩海菜與紅、白蘿蔔絲，一起攪拌均勻。

3 先將紅、綠色生菜分別鋪於盤底，再鋪上炸好的 全麥輪麩 與紅、白蘿蔔絲，以及五彩海菜、小番茄。

4 最後以葵花子點綴即可。

健康小叮嚀

● 當參禪不得力，方法用不上時，可以偶爾吃一點油炸食物，提昇腦部活躍的能量。但是吃油炸食物容易讓人心浮氣躁，所以要搭配白蘿蔔一起食用，才不會肝火旺盛，影響禪坐。

● 五彩乾海菜可自由搭配，海菜是大海送給人類的珍貴禮物，是一種養分完整的食物，含豐富的蛋白質、維他命、澱粉、酵素、維他命B12，以及約60種的礦物質和氨基酸。海菜中含有的鈣質、鐵質成分比牛奶、雞蛋、肉類還高。由於海菜的養分十分豐富，每餐吃2至3大匙即足夠。

● 常喝昆布湯，不但有助於提振精神，而且可以活化筋骨和強化肌肉，因此有助於調整禪坐時容易腿痛、腿痠的情況，幫助雙腿久坐。

● 全麥輪麩是用小麥粉製成，是素食者的蛋白質補給來源。

● 油炸用油須知：油遇大火容易變質，所以要用耐高溫的油來炸食物。油炸時，不要等油冒煙才下鍋炸，冒煙的油已經氧化，多吃會引發不良膽固醇滋長。一些耐高溫的油品如：耐高溫葵花油、花生油、椰子油等，耐熱溫度高達220℃至250℃。為保護自身健康，建議炸油不要重複使用。

DIY 全麥輪麩

■ 材料

生全麥輪麩一個、純釀醬油2小匙、麥芽糖2小匙、葛粉1½大匙、耐高溫葵花油200cc

■ 做法

1. 輪麩用水浸泡約10分鐘，擠乾水分，備用。

2. 油炸前，輪麩兩面先沾以醬油和麥芽糖調合成的調味料後，再沾葛粉。

3. 將油燒熱至180℃。下油鍋炸約1分鐘，炸至金黃色，即可撈起，瀝乾油分。

4. 將炸好的輪麩切片。

春菊薏米粥

材料（2人份）

完整薏米 ………………… 50公克
熟薏米 …………………… 50公克
春菊 ……………………… 80公克
高湯 ……………………… 800cc
天然海鹽 ………………… 少許
麻油 ……………………… 2小匙

做法

1 完整薏米洗淨，鍋內加入800cc高湯，浸泡約8小時催芽，備用。

2 熟薏米洗淨，瀝乾水分，備用。

3 春菊洗淨，切3公分段，備用。

4 把熟薏米加入浸泡好的完整薏米，以大火煮滾後，再用小火煮約40分鐘，煮至薏米軟化後，調入海鹽。

5 熄火。把春菊加入粥裡，稍微攪拌後，即可食用。

6 食用前，滴入麻油，可以一片春菊點綴。

健康小叮嚀

● 食用當季食物稱為「應節」，能夠幫助身體順應自然環境的季節變化，感覺身心舒服自在。薏米是春季的穀類，「完整薏米」即是胚芽與外麩完整保存，經過催芽，讓維他命E及其他養分含量得到大量提昇。完整薏米含有豐富的維他命B群、礦物質鎂、鈣質，能夠有助於禪者穩定神經系統，安定身心。

● 禪者如果平時缺乏運動，禪坐時容易筋骨僵硬緊張，一旦久坐，常會雙腿疼痛。有的禪者因發願不下座，勉強久坐，導致肌肉過度拉扯受傷。食用薏米可以幫助修復受傷的肌肉組織。

● 有些禪者常飽受便祕之苦，完整薏米的纖維，可以讓大腸排便通暢。

DIY 花椒乾番茄醬

■ 材料

日曬番茄乾8公克、薑1片、香茅（只取白色部分）1支、花椒少許、香菜1大匙、高湯40cc、昆布粉 ½ 小匙、天然海鹽少許、糙米醋 ¼ 大匙、麥芽糖1大匙、橄欖油 ½ 大匙

■ 做法

1. 把番茄乾、薑片、香茅、花椒、香菜切碎，倒入碗內，加入高湯。
2. 加入昆布粉、海鹽、糙米醋、麥芽糖、橄欖油，全部攪拌均勻即可。

艾草嫩豆腐

材料（2人份）

新鮮艾草 ……………………… 1大匙
鹽滷 …………………………… 4公克
無糖豆漿 ……………………… 400cc
花椒乾番茄醬 ………………… 適量

醬汁

純釀醬油 ……………………… 1大匙
麥芽糖 ………………………… 1大匙
高湯 …………………………… 1大匙

做法

1　艾草加入少許溫水研磨成醬，鹽滷加10公克水調和。

2　豆漿加熱至70℃後，調入艾草醬及鹽滷，慢慢攪拌均勻。

3　將一個圓形小藤籃，鋪上一塊潤濕的棉布，當豆漿裡的蛋白和水呈現分離狀態時，將豆漿倒入鋪上棉布的藤籃裡。

4　用繩子將棉布邊緣束口綁緊，不必擠壓，讓水分自然流出，靜待約2至3分鐘。

5　把棉布打開，將做好的豆腐浸入冷水中，以使豆腐加快成型。

6　將醬汁材料調和後，倒入小碟內，先把豆腐放在醬汁上面，再把 花椒乾番茄醬 放在豆腐上，即可食用。

健康小叮嚀

● 豆腐的營養成分高，能夠提供完整的優質蛋白，但是不宜多吃，因為它屬於高蛋白食物，所以酸性也高，多吃容易造成肌肉痠痛、腿痛與背痛。正常血液酸鹼值是弱鹼性7.4。豆腐一類的豆類食品攝取量，建議占全餐量的5%至10%左右，即可達到養生效果。

● 素食者的蛋白質來源，包括五穀類、蔬果類、海菜類、豆類、堅果類、種子類。豆類製成品如豆腐、豆包、豆漿、納豆、味噌等，都含有豐富蛋白質。但很多素食者都誤以為蛋白質要多吃才補身，其實並非如此，重要的是吃得均衡，以及吃的種類要多元化。

● 與生番茄比較，乾番茄性質比較不寒涼。春意寒涼時，建議不要吃生番茄，要改吃曬乾的番茄，以達到養生調身的作用。

酵素紫高麗菜泡菜

材料（2人份）

紫高麗菜 ·················· 200公克
辣椒 ······················· 1條
天然海鹽 ·················· 4公克
麻油 ······················· 2小匙

做法

1 紫高麗菜洗淨，瀝乾水分，切絲；辣椒切片，備用。

2 將紫高麗菜絲放入一個大碗，加入海鹽後，用手擠壓、抓揉至出水。

3 當滲出的水分與菜為同等分量時，就可以把菜放入製作泡菜的容器裡，加入辣椒。

4 讓泡菜在室溫內發酵3至4天，每天要記得攪拌一次。

5 當泡菜的味道變酸時，即是發酵成熟，可以放入冰箱冷藏保存。

6 食用前，取2至3大匙出來，擠乾水分，調入麻油即可食用。

健康小叮嚀

● 泡菜可預先準備，存入冰箱，一個星期內吃完。泡菜的水是萬能水，不要當廢水倒掉，可用2大匙調和100cc溫水，飯前小口飲用。它含有豐富的益菌，能調整腸胃功能，增強免疫力，安穩神經系統，提昇能量。泡菜於飯前少量食用就好，因為吃泡菜會開胃，讓人胃口大開。由於晚餐飲食不宜過量，所以不建議晚餐時吃泡菜。

青紅椒炒茴香頭

材料（2人份）

青椒	10公克
紅椒	20公克
茴香頭	100公克
辣椒	1條
薑末	1小匙
麻油	1大匙
天然海鹽	少許
黑胡椒粉	少許
九層塔	15片

做法

1 青椒、紅椒、茴香頭分別切長條；辣椒切絲，備用。

2 用冷鍋開小火，先將茴香頭、薑末和麻油翻炒一下，再加入青椒、紅椒繼續翻炒。

3 加入胡椒粉、海鹽調味。

4 最後加入九層塔快炒，即可起鍋。

健康小叮嚀

● 這道菜餚具有促進消化系統功能的作用。如果消化系統正常，養分吸收能力強，胃氣就不會積鬱。禪修期間，常常聽到有一些禪者連連排氣，這是因為消化不良，食物在腸胃裡腐化，而產生氣體。造成消化不良的原因是食物的調配不當，例如吃精製白米飯，或是吃精製澱粉類，像是麵食、饅頭配高蛋白質的加糖豆漿，再加上在飽食後飲用湯或吃水果，都會造成消化不良。氣體在腸胃內累積多了，禪坐會不得力，晚間也難入眠。

● 修學禪法除了調身、調心，也要調飲食和睡眠。身心狀況保持得好，修行就能夠更加得心應手了。

麻油拌山藥大頭菜

材料（2人份）

山藥 ……………………… 100公克
大頭菜 …………………… 100公克
黑芝麻粉 ………………… 1大匙
麻油 ……………………… 2小匙
天然海鹽 ………………… 少許

做法

1. 山藥去皮切丁，大頭菜切丁，備用。
2. 大頭菜用滾水汆燙後，瀝乾水分。
3. 將大頭菜、山藥加入芝麻粉、海鹽、麻油，一起攪拌均勻即可。

健康小叮嚀

● 根莖類蔬菜性質比葉菜溫和，寒意還濃時，吃些根莖類蔬菜，會覺得通體舒暢。

麥茶

材料（2人份）

麥茶 ………… 1大匙
滾水 ……………… 2杯

做法

麥茶用滾水浸泡1至2
分鐘，濾除茶渣後，
即可飲用。

健康小叮嚀

● 麥茶是用大麥烘烤而成。用來泡茶飲用，能夠活化肝臟功能，幫助消化，預防失眠，消除累積在腿部
和腹部的多餘脂肪，讓人可以輕鬆盤腿和拜佛。

● 許多人很注重養生，但常常忽視水的重要性。人的身體裡約70％是水分，飲用水和烹調用水的品質要
確保乾淨。城市裡的自來水，由於化學添加物很多，建議最好要過濾後才使用。

春季禪食活力餐

在準備做飯時，要具備集中心、歡喜心、創意心和感恩心。當心念集中時，做飯的流程節奏，自然會安排得先後有序；時間的掌控運用，自然會拿捏得恰到好處。例如媽媽下班後，總是匆忙回家揮汗做飯，匆忙、焦慮的心情常會顯現在煮出的餐點上。如果媽媽能以禪心準備餐點，做飯做得沒有壓力，全家用餐的氣氛自然融洽溫馨。

所謂做飯先後有序，意思是指時間管理。需要較長時間準備的食物，必須先做處理；短時間可以完成的簡單菜餚，則可以留到最後再準備。可以在前一天就準備好的菜餚，不妨預先做好，這樣每次煮飯時，就不必手忙腳亂，讓家人久等。例如在這一餐裡，前一天晚上要先處理的材料是芝麻豆腐、高湯，以及沙拉醬，可以提前做好備用。

這套春季套餐，也適合做為便當菜。隔天早上若要帶便當上班，當晚可以多準備一些，只要把飯和湯加熱一下即可食用，非常方便省時。但是炒菜不適合做便當菜，因為炒菜必須現炒現吃才新鮮，炒菜如果不馬上趁熱吃，放置太久，菜的品質會轉化為酸性，食用之後會引起身體的不適。裝便當時，橄欖醬可以直接淋在飯上，沙拉和沙拉醬則要分開帶。

做菜重要的是要有創意，讓家人每一天都有新鮮感，充滿驚喜、歡喜和期待。希望這套春季套餐，能帶給您和家人生生不息的春天活力！

菜單

開胃菜
蘋果紫蘇纖蔬沙拉

湯品
高麗菜豆漿湯

主食
綠豆薏仁糙米飯

主菜
芝麻豆腐

配菜
橄欖醬炒青江菜

甜點
木瓜寒天布丁

 橄欖油葡萄醋沙拉醬

■ 材料
初榨橄欖油1大匙、葡萄醋1大匙、麥芽糖1大小匙、九層塔少許

■ 做法
1. 將九層塔切末，備用。
2. 使用前一天，把所有的材料混合，置入玻璃瓶裡備用，食用前取出即可。

蘋果紫蘇纖蔬沙拉

材料（2人份）

紅蘋果片	6片
糙米醋	3大匙
紫高麗菜	50公克
高麗菜	1片
紫蘇葉	2片
萵苣	2片
紅蘿蔔片	4片
橄欖油葡萄醋沙拉醬	2大匙
杏仁碎片	2大匙
葡萄乾	少許
海苔絲	少許

做法

1. 蘋果切好後，要用少許糙米醋浸漬，以防氧化；紫高麗菜與高麗菜分別切絲；萵苣切3公分寬度；將這些沙拉材料加入紫蘇葉、紅蘿蔔片，一起放入沙拉碗，備用。

2. 在食用前，依序淋上 橄欖油葡萄醋沙拉醬，放上杏仁碎片、葡萄乾，再用海苔絲裝飾即可。

健康小叮嚀

- 這道沙拉材料的選擇，著重於陰陽調和，活化血氣與養肝氣，但如果肝膽之氣積悒，油的用量一定要減少。

- 初榨橄欖油（Extra Virgin Olive Oil）是第一道壓榨出來的橄欖油，味道濃郁，營養豐富，但價格較昂貴。我們通常購買的橄欖油，都是第二或第三道壓榨出來的，味道較淡薄，又添加化學物質，雖然價格便宜，但營養價值較少。

高湯

■ 材料

乾香菇2朵、蘿蔔乾1大匙、昆布5公分、水500cc

■ 做法

把所有材料浸泡一個晚上即可，使用前要過濾，再進
行烹煮。浸泡過的材料可再使用於其他料理。

高麗菜豆漿湯

材料 （2人份）

高麗菜 ················· 60公克
豆包 ··················· 30公克
薑 ······················ 1片
高湯 ··················· 300cc
無糖豆漿 ············· 100cc
天然海鹽 ············· 3公克
胡椒粉 ················ 少許
麻油 ··················· 少許

做法

1. 高麗菜、豆包、薑片分別切絲，備用。

2. 鍋內加入高麗菜、高湯、薑絲煮滾後，轉小火再煮3至5分鐘。

3. 加入豆包絲、豆漿，再煮2至3分鐘。

4. 食用前，以海鹽、胡椒粉調味，再滴上麻油即可。

健康小叮嚀

● 當豆漿遇上鹽分時，會凝結成塊狀，看著它像朵朵白花慢慢漂浮上來綻放，讓人心情頓時就輕鬆了起來。

● 因為飯後喝湯會影響消化，所以每人只準備一小碗湯的分量，而且要在飯前先喝湯。

● 高麗菜的甘甜味入脾胰，是調整腸胃及消化系統的好食物。

● 冰箱如果有剩下的菜頭或菜尾，只要切剩的菜不是容易煮後變色的紅色菜或黑色菜，都可以與高湯一起熬煮。

綠豆薏仁糙米飯

材料（2人份）

糙米 ⋯⋯⋯⋯⋯⋯⋯100公克
薏仁 ⋯⋯⋯⋯⋯⋯⋯ 50公克
綠豆 ⋯⋯⋯⋯⋯⋯⋯ 50公克
水 ⋯⋯⋯⋯⋯⋯⋯⋯500公克
昆布 ⋯⋯⋯⋯⋯⋯⋯ 2公分

催芽法（早上上班前準備）

1 糙米、薏仁洗淨，瀝乾水分，一起放入一個大碗裡，用水浸泡催芽，把碗蓋好，靜置至晚餐時間。

2 綠豆洗淨，把腐壞的豆子挑揀出來。把洗好的綠豆放入另外的碗內，用3倍水浸泡催芽，靜置至晚餐時間。

煮法（當天晚餐前準備）

1 昆布用布擦拭，備用。

2 催芽綠豆瀝乾水分，和薏仁、昆布、糙米一起浸泡水後，放入鍋內。

3 用大火把水煮開後，改用小火煮約20至30分鐘，至水分快乾時，即可熄火。

4 加上鍋蓋，燜約10至15分鐘。

健康小叮嚀

● 催芽的意思是轉化豆類和米糧的能量，使豆類或米糧裡的蛋白質轉化成容易消化的氨基酸，吃起來不但口感更鬆軟，而且營養成分高，尤其是維他命B群和維他命E，會因為催芽而增加數百倍。與米一起催芽的水可直接用於煮飯，不用換水，但與綠豆一起催芽的水則不能使用，這是因為豆類催芽水具有酸性，會阻礙身體裡的酵素發揮作用，有礙健康。在煮之前，把浸泡好的綠豆先清洗乾淨、瀝乾水分，再和糙米及薏仁一起煮。

● 洗米水與催芽豆的水可以回收澆花，當成肥料，或拿來洗碗。洗米水如果放置兩、三天後，用來洗頭髮，還具有黑髮功能。我通常用浸泡豆類的水為我的露台小花園澆花草，增加泥土的養分。

- 初學養生素食者，可以混合一半糙米和一半白米來煮飯。但白米已去除胚芽，沒有生命能量，所以不能催芽。米糧只要搭配豆類、種子或堅果類一起煮，就是一頓完整蛋白質餐。因此，素食者不用擔心蛋白質不足的問題。

- 糙米有很多品種，有些需要較少水分，有些則需要較多水分，所以煮飯時的水分加減要自行斟酌。另外，糙米纖維高，營養豐富，可以預防便祕、皮膚病和腸胃病，具有排泄體內重金屬作用，而且能協助禪修者安神安心。

芝麻豆腐

材料（2人份）

白芝麻醬	40公克
葛粉	30公克
水	230公克
天然海鹽	1公克
香草葉	少許

醬汁

純釀醬油	1大匙
高湯	1大匙
碎芝麻	少許

做法

1 鍋內注入水，加入葛粉，靜置5分鐘，先讓葛粉軟化，再加入白芝麻醬和海鹽攪拌。

2 用中火把葛粉汁煮開。煮時要不停攪拌，這樣葛粉才不會黏鍋底。煮約2至3分鐘後，葛粉會變得濃稠，在呈現透明感時，即可熄火。

3 準備一個環保容器，容器先用冷開水略為沖洗，不用抹乾，直接把葛粉倒入即可。倒完汁後，用湯匙背沾一點水，把表面抹平，待冷。容器上面加蓋，存入冰箱，靜置一晚，待凝結為芝麻豆腐。

4 食用時，從冰箱裡取出芝麻豆腐盛盤，淋上以醬油、高湯、碎芝麻調和而成的醬汁，最後再以香草葉點綴即可。

健康小叮嚀

● 環保容器：家裡如果有用過的果汁或飲料紙包裝盒，容量約500cc，洗乾淨後，把一邊切開，就可用來做豆腐模。模型也可用圓形小碗、小碟等替代。

● 葛粉對於腸胃不適，具有調整作用。芝麻可以補充鈣質、鐵質及其他礦物質。

橄欖醬炒青江菜

材料 （2人份）

青江菜	200公克
薑末	½小匙
花生油	½大匙
天然海鹽	¼小匙
高湯	3大匙
橄欖醬	適量

做法 （健康炒菜法）

1 青江菜洗淨，切成 3 公分寬度。

2 鍋內依序加入高湯、花生油和薑末，把鍋燒熱後，加入青江菜，並以海鹽調味。

3 用筷子快速翻炒五、六下後，即可熄火。

4 將菜盛盤，並把 橄欖醬 淋在菜上即可食用。

健康小叮嚀

● 炒菜時依序加入水、油和調味料，可確保油不變質，預防不良膽固醇的滋長。一般人炒菜習慣把鍋燒熱，先加入油，等冒煙後，才加入其他配料，像這樣的炒菜方式，油很快就會氧化變質，如果常吃，心血管容易阻塞。

● 當春天的氣溫還寒冷時，油的用量要減少，以免加重體內的寒氣。

DIY 橄欖醬

■ 材料
黑橄欖1大匙、紅椒1小匙、香菜1小匙、麻油1大匙

■ 做法
1. 黑橄欖剁碎；紅椒、香菜分別切碎，備用。（黑橄欖也可用研磨器磨碎，但要保留顆粒狀。）
2. 把所有材料攪拌均勻即可。

木瓜寒天布丁

材料 （4人份）

木瓜	4大匙
水	400cc
寒天粉	4公克
麥芽糖	3大匙
天然海鹽	少許

做法

1. 木瓜壓碎，備用。

2. 鍋內加入水和寒天粉，靜置約2至3分鐘，使寒天粉溶化。

3. 用大火煮開寒天粉汁，要不停攪拌以防黏鍋底。水煮開後，改用小火煮約3分鐘，再加入麥芽糖與海鹽攪拌。

4. 熄火，待冷卻。

5. 把木瓜放入玻璃杯底，待寒天稍微轉濃稠時，慢慢倒入杯子內。

6. 食用時，把寒天布丁倒扣出來即可。

健康小叮嚀

● 玻璃杯要預先用水潤濕，這樣脫模時會比較容易。

● 寒天是一種紅海菜，是纖維含量最高的植物性食物，每100公克含80公克纖維。如果要調整腸胃健康或便祕，不妨每天食用些許寒天。寒天的礦物質含量也非常豐盛，有助提神。

夏 季禪食 *Summer*

夏季禪食消暑餐

夏季因為天氣炎熱，建議飲食調配要清爽，調味要柔和，可以配搭一些生食。夏季的烹調方法要簡化，例如用蒸、水煮、快炒等。泡菜的醃製時間要縮短，炒菜的速度要快速，讓炒出來的菜可以爽口香脆。

雖然夏季非常炎熱，卻不宜飲用冰冷的飲料或食用冰冷的食物，以保健腸胃、脾臟和胰臟。偶爾可以吃吃涼麵消除暑熱，但不要直接吃太過冰冷的冷麵。可以吃少許的清涼瓜果，像是蜜瓜或黃瓜一類。海菜也適合在夏天食用，可以做成小菜，或是拌入生菜、湯及飯裡。

豆類、麵類、瓜果類、蔬菜類都是夏季的養生食物，其中以苦瓜最具代表性。在調味方面，苦味、酸味都很適合，也可以用少許鹹味。夏天蔬果種類繁多，色彩繽紛明亮，對於一個創意廚師，有一種像是海闊天空、任我遨遊的寫意。

參禪久了，我發現創意總是源源不斷，信手拈來，不消片刻就能輕輕鬆鬆調製出一道道與眾不同的菜餚，讓我的顧客和朋友，對我所做的點心或菜餚，總是充滿驚喜和期待。不論是廚師或其他創意工作者，禪修都可以幫助人突破工作瓶頸，更上一層樓。

菜單

開胃菜
五色海苔生菜捲

湯品
番茄地瓜湯

主食
蘿蔔煎餅

主菜
照燒白蘆筍

配菜
梅醋紅莧菜

甜點
香蕉核桃糙米糕

五色海苔生菜捲

材料（2人份）

原味燒海苔	1片
高麗菜	30公克
紫高麗菜	40公克
生菜	40公克
紅蘿蔔	10公克
春菊	2片

醬汁

純釀醬油	1大匙
高湯	1大匙
麻油	1小匙
芝麻粉	少許

做法

1 高麗菜、紫高麗菜、生菜、紅蘿蔔分別切絲，備用。

2 把海苔鋪在竹片上。

3 先把春菊放在靠近身體的這一端海苔後，再依序把沙拉材料擺上：生菜、高麗菜、紫高麗菜、紅蘿蔔。

4 將海苔捲起來後，末端沾一些水，方便黏合定型。

5 做好的生菜捲切成4段。

6 將所有醬汁材料調和，做為生菜捲沾醬。

番茄地瓜湯

材料（2人份）

催芽紅扁豆 …………… 40公克
番茄 ………………… 150公克
青椒 ………………… 10公克
紅蘿蔔 ………………… 20公克
高麗菜 ………………… 30公克
芹菜 …………………… 6片
月桂葉 ………………… 4片
紅地瓜 ………………… 40公克
菠菜 ………………… 30公克
橄欖油 ………………… 2大匙
高湯 ………………… 600cc
番茄醬 ………………… 80公克
昆布粉 ………………… ¼小匙
天然海鹽 ……………… 少許
迷迭香 ………………… 1支

做法

1 紅扁豆煮熟；番茄、青椒、紅蘿蔔分別切丁；高麗菜切絲；芹菜切末；菠菜切段；把紅地瓜外皮刷乾淨，切丁，備用。

2 起油鍋，加入番茄、紅蘿蔔、高麗菜、青椒、芹菜、月桂葉、紅扁豆、紅地瓜後，快炒。

3 加入高湯，用大火把湯燒滾後，加入番茄醬，用中火再煮約15分鐘。

4 加入菠菜，以昆布粉、海鹽調味，熄火。

5 盛碗後， 灑上迷迭香點綴即可食用。

健康小叮嚀

● 催芽紅扁豆的方法很簡單，將紅扁豆洗淨，泡水約4小時，待白色芽顯現，就可瀝乾水分，備用。紅扁豆用大火煮至軟化，約需10分鐘。

● 菠菜雖然營養價值高，但有微毒，不宜生吃，要煮過熟食。在烹煮時，鍋子最好不加蓋，以讓毒素消散。

DIY 薑味蘿蔔餡

■ 材料

耐高溫葵花子油2大匙、乾香菇2朵、薑2片、紅蘿蔔300公克、香菜20公克、芝麻2小匙、葡萄乾2大匙、天然海鹽6公克、胡椒粉少許、葛粉2小匙

■ 做法

1. 紅蘿蔔切絲，用少許海鹽調和，靜置3至4分鐘，擠乾水分；將乾香菇泡軟，擠乾水分後切絲；薑片、香菜分別剁碎；芝麻炒香，備用。

2. 鍋內加入葵花子油，把鍋稍微燒熱。

3. 加入香菇絲和薑末一起炒香。

4. 加入紅蘿蔔絲，炒至軟化。加入香菜、芝麻和葡萄乾。

5. 以海鹽、胡椒粉調味。

6. 葛粉用4大匙水調和，將葛粉水加入炒香的餡料，攪拌均勻即可。

蘿蔔煎餅

材料（2人份）

低筋麵粉 ………………… 100公克
中筋麵粉 ………………… 90公克
天然海鹽 ………………… 3公克
黃薑粉 …………………… 2小匙
無糖豆漿 ………………… 500cc
耐高溫椰子油 …………… 2大匙
薑味蘿蔔餡 ……………… 適量
杏仁玉米醬 ……………… 適量

做法

1 將餅皮材料低筋麵粉、中筋麵粉、海鹽、黃薑粉攪拌均勻。

2 將無糖豆漿、椰子油調和，把做法1的材料分兩次放入攪拌。

3 把鍋燒熱，用布沾少許椰子油，擦在鍋上。

4 做法2的材料，分4次倒在鍋上，煎成四塊，把倒入的材料抹平，煎至熟。

5 取少許 薑味蘿蔔餡 餡料，放在餅皮中央，捲起後淋上 杏仁玉米醬 即可食用。

健康小叮嚀

● 紅蘿蔔的甜味入脾、胰和胃。腸胃是身體的第二個腦部，腸胃調養得好，腦部就沒有負擔，腦部放鬆了，對於禪坐的體會將能夠更深入。

● 葛粉具有調整腸胃的功能，可以讓腸胃健康。

● 杏仁和玉米能夠提昇心臟功能，讓禪者在快步經行、跑香時，可以讓全身舒暢，沒有罣礙。（編按：經行與跑香都是禪修中，運用走的方式來調攝身心的一種方法。通常慢走稱為「經行」，快走稱為「跑香」，但也有的禪寺不稱快走為「跑香」，而稱為「快步經行」。）

DIY 杏仁玉米醬

■ 材料

無糖杏仁奶150cc、葛粉1大匙、新鮮甜玉米粒2大匙、白味噌15公克、胡椒粉少許、綠海苔粉少許

■ 做法

1. 把杏仁奶燒熱。

2. 白味噌用少許水調和，加入杏仁奶，並以胡椒粉、綠海苔粉調味。

3. 葛粉用3大匙水調和，慢慢加入葛粉水，攪拌均勻，煮至濃稠。

4. 熄火，加入玉米粒即可。

夏季　禪食消暑餐：主菜

照燒
白蘆筍

材料（2人份）

白蘆筍	4支
耐高溫葵花子油	1大匙
純釀醬油	1大匙
麥芽糖	1大匙
薑末	1小匙
七味粉	少許
綠海苔粉	1小匙

做法

1 白蘆筍清洗乾淨。

2 起油鍋，把白蘆筍煎至金黃色，約1至2分鐘。

3 加入醬油、麥芽糖、薑末、七味粉調味，翻炒。

4 起鍋後，灑上綠海苔粉即可食用。

梅醋
紅莧菜

材料（2人份）

紅莧菜 ················· 150公克
原味燒海苔 ················· 1片
天然海鹽 ················· 少許
碎白芝麻 ················· 1大匙

醬汁

無糖烏梅醋 ················· 1½大匙
麥芽糖 ················· 1½小匙
麻油 ················· 1小匙
薑汁 ················· 1小匙

做法

1 莧菜洗淨，瀝乾水分；原味燒海苔撕成碎片，備用。

2 將莧菜放入加鹽滾水裡汆燙約5秒鐘，即可撈起，待涼；擠乾水分。

3 將醬汁材料攪拌均勻，加入燒海苔，待其入味，再拌入莧菜和碎白芝麻。

香蕉核桃糙米糕

材料（4人份）

糙米粉	200公克
無鋁發粉	10公克
無糖豆漿	200公克
耐高溫葵花子油	50公克
檸檬汁	10公克
天然海鹽	3公克
香蕉	200公克
葡萄乾	40公克
核桃	30公克
無糖櫻桃果醬	4大匙

器具

8x6x5公分玻璃烘碗 ………… 4個

做法

1 香蕉用叉子壓碎；葡萄乾切碎；核桃用烤箱烤香，切碎，備用。

2 烤箱預熱至170℃。

3 玻璃盤用布沾油塗抹。

4 將糙米粉、發粉攪拌均勻。

5 將豆漿、葵花子油、檸檬汁、海鹽用打蛋器攪拌至黏稠。

6 將做法5分次慢慢加入做法4攪拌。

7 米糕加入香蕉、葡萄乾、核桃、櫻桃果醬，與少許葵花子油，稍加攪拌即可。

8 把櫻桃果醬鋪在米糕上面，放入玻璃烘碗。

9 把玻璃烘碗放入烤箱，烤約30分鐘。

10 米糕烤好後，可以用竹籤（或筷子）戳試，如果米糕不沾黏竹籤，即大功告成。

11 待涼後，即可切片食用。

健康小叮嚀

● 這道米糕是無糖的甜點，十分獨特，富有滋養功效。完整糙米粉所富含的維他命B群及礦物質，可以穩定神經系統，使得身心安定。而且這道甜點纖維豐富，容易消化，不會增加腸胃負擔。

● 甜點調入鹽的目的，是為了要中和糖分的酸性。這道甜點的甜味來自香蕉和葡萄乾，雖然比使用蔗糖理想，但甜味還是需要用鹽中和。冰糖、黑糖、紅糖或白糖的酸性高，長期食用，容易產生黏液和生痰，累積久了，還可能會引發傷風、感冒和鼻竇炎。如果再加上長時期食用高蛋白及高脂肪食物，會使肝臟功能退化，不良膽固醇滋長。肝臟功能一旦退化，就會影響消化及睡眠的品質。為了避免在禪

修期間腰痠背痛,最好遠離蔗糖與化學反式脂肪食品。

● 煮熟的香蕉吃起來,美味可口,讓人有放鬆的舒服感。香蕉當水果生食時,要選熟透的,食用太生的香蕉會難消化。如何知道香蕉熟透否?香蕉皮上長滿黑斑點的,就是熟透的。另外,香蕉不宜在飯後吃,最好在兩餐之間食用。

● 無鋁發粉不含鋁的成分,較為健康。鋁是一種重金屬,如果食材或鍋子含鋁的話,重金屬會滲入食物中,如果食量過多,將危害腦部、全身神經系統和腎臟功能,會導致腦部神經末梢遲鈍。

夏季禪食清心餐

雖然說心靜自然涼，但是面對夏季酷暑，總是容易心浮氣躁。夏天的料理，要調多一些油脂，這樣才不會因為天氣炎熱而感到身體緊繃。人體器官容易受炎熱環境影響而不適，而攝取脂肪和生食也能達成讓身體放鬆的效果。

吃當季的食物，是順應大環境，與大自然和合。夏天的食物大都較寒性，腸胃不好者，不適合吃生冷的寒性食物，建議要稍微加熱或煮熟過後才吃。此外，夏天不適合吃補品藥材，也不適合吃能量太高的食物，要適量的飲食與喝水，盡量不吃精製白糖製成的食物，這樣身體才會輕鬆。菜餚裡可添加一些醋或酸味，幫助開胃。

在這套夏季禪食清心餐裡，我設計了清爽的味噌豆腐蔬菜沙拉、白花椰菜濃湯、七彩小米飯、油豆腐芥蘭菜花、茄醬雞豆與葉綠素甘藍蘋果汁，都既容易料理，又非常清心爽口，可以帶來消暑涼意。

菜單

開胃菜
味噌豆腐蔬菜沙拉

湯品
白花椰菜濃湯

主食
七彩小米飯

主菜
油豆腐芥蘭菜花

配菜
茄醬雞豆

飲料
葉綠素甘藍蘋果汁

味噌豆腐蔬菜沙拉

材料（2人份）

紅蘿蔔 ················ 50公克
小黃瓜 ················ 80公克
豌豆苗 ················ 5公克
蠶豆 ···················· 4粒
長海帶芽 ·············· 3公克
天然海鹽 ·············· 少許
味噌豆腐沙拉醬 ······· 適量

做法

1. 紅蘿蔔洗淨，刨絲；小黃瓜洗淨，切滾刀塊；豌豆苗洗淨，瀝乾水分；蠶豆煮熟；長海帶芽用滾水煮2至3分鐘，瀝乾水分，備用。

2. 小黃瓜灑上海鹽調味後，靜置2至3分鐘。

3. 把小黃瓜、紅蘿蔔、豌豆苗、蠶豆、長海帶芽，放入沙拉碗內，淋上 味噌豆腐沙拉醬 即可食用。

健康小叮嚀

- 這道沙拉採用陰陽平衡法則調配，不慍不火，養生恰到好處。溫性食材包括紅蘿蔔、海帶芽、蠶豆、海鹽、核桃、味噌、麻油，中性食物是鹽漬小黃瓜、麥芽糖和糙米醋，涼性食物即豆腐。

- 切生菜的砧板，不要和切熟食砧板共用，以免食物污染中毒。生菜切好後，如果吃不完，要加蓋保存，放入冰箱，2小時內吃完。

- 如果不能食用蠶豆，可以汆燙過的甜豆、毛豆，或四季豆代替。

DIY 味噌豆腐沙拉醬

材料

核桃10公克、豆腐40公克、白味噌20公克、麥芽糖1大匙、糙米醋2大匙、麻油1大匙、天然海鹽少許

做法

1. 核桃用烤箱烤香後，切碎，備用。
2. 豆腐用研磨器磨至均勻。
3. 加入白味噌、麥芽糖、糙米醋、麻油、海鹽，一起研磨至均勻。

白花椰菜濃湯

材料（2人份）

白花椰菜 ······················ 180公克
耐高溫葵花子油 ·············· 1大匙
葛粉 ······························ 1大匙
高湯 ······························ 300cc
無糖豆漿 ························ 80cc
麻油 ······························ 少許
天然海鹽 ························ 少許
胡椒粉 ···························· 少許

做法

1 白花椰菜洗淨，切片。

2 起油鍋，加入白花椰菜快速翻炒後，再加入葛粉攪拌。

3 加入高湯，以海鹽、胡椒粉調味，待湯滾後，用小火再煮約10分鐘，即可熄火。

4 把白花椰菜和少許湯汁撈起，放入果汁機，打至湯汁均勻。

5 以大火將湯汁煮開後，改用小火保溫，再加入豆漿攪拌。

6 盛碗後，滴上麻油，即可食用。

健康小叮嚀

● 白花椰菜是高鉀食物，具有良好抗氧化功能，是修補細胞的優質食物。

七彩小米飯

材料（2人份）

小米	100公克
菜豆	2條
紅蘿蔔	6片
南瓜子	2大匙
水	220cc
天然海鹽	少許
橄欖油	1大匙
鹹黑橄欖片	1大匙

做法

1. 小米洗淨，泡水5至6小時；菜豆切薄片；紅蘿蔔切小丁；南瓜子用烤箱烤香，備用。

2. 水煮滾後，加入海鹽。

3. 小米洗淨，瀝乾水分後，慢慢放入滾水內。

4. 用小火煮約10分鐘，待水分被吸乾時，熄火。加蓋，燜約5分鐘即可。

5. 將菜豆下鍋用橄欖油略炒後，和油一起撈起。

6. 把菜豆、紅蘿蔔、南瓜子、鹹黑橄欖片，一起與小米飯攪拌均勻即可。

健康小叮嚀

- 小米有兩種品種，一種是甜小米，含高澱粉質，質地黏性高，散發明亮的黃色光澤。另外一種小米，澱粉質含量低，質地沒有黏性，顏色淺黃，烹調時，需要較多水分。小米要選用不易黏稠的低黏性小米，比較適合這道料理。

油豆腐
芥藍菜花

材料（2人份）

油豆腐	1片
芥藍菜花	100公克
豆豉	2小匙
葵花油	2小匙
薑末	1小匙
天然海鹽	少許

做法

1 油豆腐切長條；豆豉壓碎，備用。

2 芥藍菜花用滾水快速汆燙約30秒，撈起，待涼後，擠乾水分。

3 起油鍋，拌炒薑末和豆豉。

4 將炒好的薑末和豆豉放入大碗裡，調入海鹽，拌入芥藍菜花即可。

茄醬雞豆

材料（2人份）

雞豆 ······················· 60公克
紅蘿蔔 ····················· 70公克
芹菜 ························· 4片
小黃瓜 ····················· 30公克
葛粉 ························ 2小匙
麻油 ························ 2大匙
香茅 ························· 1支
高湯 ······················ 100cc
天然海鹽 ···················· 少許
純釀醬油 ···················· 2小匙
黑胡椒粉 ···················· 少許
香草葉 ····················· 少許

做法

1 雞豆煮熟；芹菜、小黃瓜分別切丁；香茅切薄片；20公克紅蘿蔔切丁；50公克紅蘿蔔研磨均勻成泥；葛粉加2大匙水調和為葛粉汁，備用。

2 鍋內放入紅蘿蔔、芹菜、小黃瓜、雞豆、麻油、香茅，快炒約1至2分鐘。

3 加入高湯和海鹽、醬油、黑胡椒粉調味，慢慢調入葛粉汁，煮至濃稠。

4 最後拌入紅蘿蔔泥，灑上香草葉做點綴。

健康小叮嚀

● 雞豆又稱埃及豆、鷹眼豆、雪蓮子，也可以改用其他豆類，做出不同口味變化。雞豆可以強壯脾臟、胰臟、腸胃和心臟，是鐵質含量最高的豆類，鈣質含量可以媲美牛奶。常吃雞豆對降低膽固醇很有幫助。雞豆的礦物質含量豐富，可以幫助排除累積在身體裡的食物防腐劑。

葉綠素甘藍蘋果汁

材料（2人份）

甘藍菜菜葉	50公克
青蘋果	½個
水	80cc
天然海鹽	少許
綠海苔粉	少許
亞麻子油	1小匙

做法

1 甘藍菜菜葉洗淨，瀝乾水分；青蘋果去子，洗淨，備用。

2 用果汁機把甘藍菜和青蘋果打至均勻。

3 加入海鹽、綠海苔粉和亞麻子油後，即可飲用。

健康小叮嚀

● 果汁最好飯前一個小時前喝，而且要小口飲用。此項飲料充滿新鮮葉綠素、礦物質、維他命A、維他命C和維他命E，是抗細胞氧化的高能量飲料。調入亞麻子油，可以幫助維他命A的吸收，保健心血管或心臟功能，不需要再另外吃化學維他命了。

● 準備此項飲料最好採用無農藥的蔬菜和水果，以免增加身體負能量。

● 營養均衡的一餐，料理內容包括米麵類、蔬菜類（生食或熟食，要視季節與身體狀況而定）、海菜類、種子或堅果類、豆類、泡菜及湯類。純素食者更要注意攝取各種不同而多樣化的植物性食物，吃當季食物，注重身體保暖，是最佳的養生之道。

秋 季禪食 Autumn

秋季禪食健身餐

小時候讀《唐詩三百首》時，很嚮往那種「採菊東籬下，悠然見南山」的意境。那是一個創意廚師的理想菜園。

在籬笆下採了菊花或蔬菜，然後拿到廚房清洗切段，下鍋烹調，最後加上一小撮鹽，就是一道好菜。那是多麼寫意的廚房呀！我願所有城市人都實行「城市農耕」，即是利用露台的小空間，打造一個空中盆栽菜園和花園，不但可以淨化空氣，同時也能自給自足，綠化環境，減少農藥污染，恢復生態平衡狀態，既環保又健康。

我現在已經實現了高空城市菜園的心願，在菜園裡種了好多香草和青菜，希望大家也都能擁有自己的城市菜園與理想廚房。如果你目前還不能像我一樣圓夢，仍可以透過料理呈現這樣的創意人文氛圍。因此，我特別設計這套色彩很秋天的秋季套餐，以小米飯為主食，不但搭配了菊花茴香泡菜、蓮藕白眉豆湯、海苔馬鈴薯排、甜菜寒天拌地瓜葉，還有可口的毛豆糕。不必把家搬到深山與陶淵明為鄰，可以把這樣的美景禪意直接展現在餐桌上，與全家共同分享秋意濃濃的一餐。

菜單

開胃菜
菊花茴香泡菜

湯品
蓮藕白眉豆湯

主食
小米飯

主菜
海苔馬鈴薯排

配菜
甜菜寒天拌地瓜葉

甜點
毛豆糕

菊花茴香泡菜

材料（2人份）

茴香子 ………………………… 1小匙
食用無農藥黃色菊花 ………… 4朵
水 …………………………… 300cc

泡菜汁

糙米醋 ………………………… 30公克
麥芽糖 ………………………… 20公克
天然海鹽 ……………………… 1公克

做法

1 將菊花花瓣撕開，備用。

2 將鍋燒熱，把茴香子乾炒，炒香，熄火。

3 另取一個鍋，把水燒開，快速汆燙菊花花瓣約1秒鐘，撈起，待涼後，擠乾水分。

4 調和泡菜汁材料後，加入茴香子和菊花，浸泡1小時即可。

健康小叮嚀

● 禪者在參加靜修前，要預先把身體調理好，如果帶著疲累的身體來禪坐，單只是調身就要耗費許多時間，至於調心則更不用說了。其實不調身，是難調伏心的。

蓮藕白眉豆湯

材料 （2人份）

白眉豆	2大匙
蓮藕	70公克
紅蘿蔔	60公克
昆布	2公分
高湯	800cc
糙米味噌	1大匙

做法

1 白眉豆浸泡約8小時，瀝乾水分；將蓮藕、紅蘿蔔分別切半月形，約半公分薄片；糙米味噌加2大匙水調和，備用。

2 白眉豆和昆布加入高湯後，燒開，再用小火將白眉豆煮至稍軟，約需15分鐘。

3 加入蓮藕和紅蘿蔔，煮至水分剩下約一半，約需15分鐘。

4 最後再加入味噌即完成。

健康小叮嚀

● 糙米味噌是日本的一種高能量發酵食物，發酵技術源自古老的中國。用完整的糙米和黃豆添加酵母菌發酵2年而成。除了糙米味噌，也有薏米味噌和黃豆味噌，因為都是未經過高溫殺菌的生豆醬，所以抗氧素、酵素和益菌群的含量豐富。味噌是高度鹼性食物，用來調理胃酸和腸胃不適，效果很好。

● 味噌的排輻射殘留功能特佳，長時間使用電腦的上班族，建議不妨每天喝一碗味噌湯。特別是現在幾乎人人都有手機，易受輻射污染，如果可以每天都喝一碗味噌湯，就會感覺身體輕鬆多了。輻射污染的徵兆包括頭痛、頭暈、疲累、胃口差、神經系統末梢麻木、暈眩嘔吐感、胸悶、睡眠品質差等。禪修原本可以提昇健康狀況，解除壓力、消除煩惱、安穩身心，提高精神層次，讓神經系統及感官愈來愈敏銳。如果神經系統末梢因為輻射殘留而麻木，禪者將需要費更多倍的力量除掉輻射污染，常喝味噌湯會有助益。

小米飯

材料（2人份）

小米 ························· 200公克
水 ··························· 300公克

做法

1 小米洗淨，用水泡約4小時催芽。

2 小米放入鍋內，將水煮開，然後轉小火繼續煮約10至15分鐘，不用加蓋。

3 當水分快收乾時，熄火，加蓋，再燜約5分鐘即可。

健康小叮嚀

● 小米是五穀類裡唯一的鹼性食物。對於調整腸胃及中和過多胃酸很有幫助。由於小米含豐富的鐵質，最適合手術後復元者養生。因為小米能調整腸胃，當腸胃調和時，頭腦自然而然就能放鬆。小米也具安穩神經系統的功能，會讓人感覺很踏實。禪，就是一步一腳印踏實的走。

● 本道料理要選用有黏性的甜小米。

海苔馬鈴薯排

材料（2人份）

原味燒海苔 ………………… 1片
馬鈴薯泥 ………………… 200公克
豆腐 ………………… 50公克
中筋麵粉 ………………… 3大匙
薑汁 ………………… 1小匙
芝麻醬 ………………… 1大匙
天然海鹽 ………………… 少許
胡椒粉 ………………… 少許
麻油 ………………… 1大匙
耐高溫葵花子油 ………… 1大匙
白芝麻粒 ………………… 少許

醬汁

純釀醬油 ………………… 2大匙
麥芽糖 ………………… 3大匙
水 ………………… 1大匙

做法

1 海苔切成2片；豆腐擠乾水分，壓成豆腐泥，備用。

2 把馬鈴薯泥、豆腐泥、中筋麵粉、薑汁、海鹽、胡椒粉、麻油等材料，一起攪拌均勻。

3 將所有製作醬汁的材料煮開。

4 把做法2塗在海苔上，壓平成馬鈴薯排後，再把醬汁塗在馬鈴薯排上。

5 鍋內放入葵花子油，將油燒熱，把馬鈴薯排煎熟。先煎有海苔的那一面，再翻至另一面，煎至金黃色。

6 將馬鈴薯排淋上醬汁。

7 馬鈴薯排切片後，灑上少許炒香的白芝麻粒點綴即可。

甜菜寒天拌地瓜葉

材料（2人份）

地瓜葉 ····················· 150公克
甜菜汁 ····················· 100cc
寒天粉 ····················· ½小匙
白芝麻粉 ··················· 1大匙
麻油 ······················· 1大匙
天然海鹽 ··················· 少許

做法

1 地瓜葉用滾水汆燙，待涼後，擠乾水分。

2 鍋內放入甜菜汁、寒天粉，靜置約2至3分鐘，使寒天粉溶化。

3 水燒開後，用小火再煮3分鐘，要不停攪拌，然後加入海鹽調味。

4 煮好的甜菜寒天汁倒入方形模型裡，讓它自然凝固。凝固後，用叉子把寒天凍壓碎。

5 大碗內加入地瓜葉，再以麻油、白芝麻粉和海鹽攪拌調味。

6 最後再拌入寒天凍碎塊即可。

健康小叮嚀

● 深綠色的地瓜葉，抗氧化功能非常強，是能幫助身體造血、補血的營養葉菜。寒天和甜菜根裡含有鐵質和其他豐富礦物質，也是具造血功效的優質食物。血液的品質好，精神就會充沛，坐禪時不會昏沉。

毛豆糕

材料（4人份）

毛豆 200公克
無糖豆漿 .... ½大匙
金黃色葡萄乾 30公克
天然海鹽 .... 少許
枸杞 4粒
麥芽糖 .... 少許

做法

1 將毛豆煮熟後，剁碎，備用。

2 用一個研磨器，加入毛豆、豆漿、葡萄乾、海鹽，研磨均勻。

3 將研磨好的毛豆泥分成4份。

4 用一張5x5公分的薄膜膠紙，將一份毛豆泥放在膠紙中央，再把膠紙四邊往中央束緊，做成圓球狀。

5 放入冰箱約10至15分鐘，使毛豆糕定型。

6 將膠紙打開，把毛豆糕擺在小盤子，用一粒枸杞點綴，淋上一點麥芽糖即可。

秋季禪食自在餐

秋天時分，大自然的顏色從亮綠轉為橙色、紅色、褐色、黃色和金色，遍地落葉，這是食物收穫的豐盛期。

秋季具代表性的食物是南瓜、豆類、蔬菜和小米。小米和圓形瓜果含天然甜味，也是能量最中和、安穩的食物。糙米也是秋季五穀之一，因為它是中性食物，每一個季節都適合吃。能量比較沉穩的食物如白蘿蔔、紅蘿蔔、芥藍及秋季水果在這個季節裡可以常吃。

由於秋季天氣轉涼了，所以不再適合吃寒涼或生冷的夏季食物，要開始準備減少生食，並增加熟食分量。同時，食物烹煮的時間，相對於夏季，也會加長了。例如在秋季煮湯，要調得比較濃稠，烹煮的時間也要延長。秋季料理味道可以調得稍微鹹一些，蔬菜也可以用比較適合燉煮的刀工，像是大塊或圓形的切法。

如果能以禪心觀看萬物隨大環境氣候的變化，就會領悟人類的渺小。對於捕捉不住的秋季變化，不管是秋風蕭颯，還是落葉飄零，心念都不必跟隨外境轉動，要保持一顆安穩的心，活在當下，珍惜每一個當下的時刻。

菜單

開胃菜
納豆拌秋葵

湯品
香菇濃湯

主食
紫米小米飯糰

主菜
清燉花椒白蘿蔔

配菜
辣椒炒大白菜

飲料
梨子烏梅湯

甜點
開心果栗子餅

納豆拌秋葵

材料（2人份）

秋葵	4條
山藥	2公分
麻油	1小匙
納豆	1大匙
天然海鹽	少許
純釀醬油	1小匙

做法

1 秋葵洗淨，切除頭部；山藥磨成泥，備用。

2 起油鍋，加入秋葵，煎至半熟，加鹽，即可起鍋。

3 將煎好的秋葵切片。

4 納豆以醬油調味，加入秋葵。

5 山藥泥加入納豆與秋葵即可。

健康小叮嚀

● 這道菜餚相當黏稠。秋葵和山藥的黏液，可以幫助腸胃蠕動，預防便祕。秋葵是蔬菜中，優質的高抗氧化食物，具有良好的清血功能。

香菇濃湯

材料（2人份）

乾香菇	80公克
香菇水	100cc
薑	1片
麻油	½大匙
高湯	100cc
天然海鹽	1小匙
黑胡椒粉	少許
無糖豆漿	100cc
香草葉	少許

做法

1 香菇泡水後，留下浸泡香菇的水；先切掉香菇莖的黑色部分，再做切片；薑片切末，備用。

2 鍋中放入薑末和麻油，以小火炒1分鐘。

3 將炒香的薑末撈起，放入果汁機，加入香菇片、香菇水和高湯，打至均勻後，加入海鹽、黑胡椒粉調味。

4 將湯汁倒入鍋內，煮開。

5 加入豆漿攪拌均勻，最後以香草葉點綴即可。

健康小叮嚀

● 這是一道高纖維的湯，可以提昇免疫力。但是要現煮現喝才營養，如果隔夜加熱重煮的話，湯的性質會轉化成酸性，反而有害健康。

紫米小米飯糰

材料（3人份）

紫米	100公克
小米飯	150公克
水	280cc
天然海鹽	少許
昆布	2公分
芝麻	適量
香草葉	少許

做法

1 紫米洗淨，用水浸泡約8小時，備用。

2 鍋內加入昆布、海鹽，將紫米煮開，再用小火煮約15至20分鐘。加上鍋蓋，燜煮10分鐘至水收乾，即可熄火，待涼。

3 用一個長方形模型，把紫米與小米雙色飯分層放入模型，壓成飯糰。

4 最後灑上芝麻，並以香草葉點綴即可。

健康小叮嚀

● 小米飯做法，請參照77頁所述小米飯食譜。

● 如果前一天有剩下的小米飯，也可在這道食譜中使用。

● 紫米的品種很多，對於水的分量評估，可自行衡量。

清燉花椒白蘿蔔

材料（2人份）

白蘿蔔 ···················· 300公克
薑 ························· 4片
昆布 ······················ 1公分
天然海鹽 ···················· 少許
高湯 ······················ 100cc
花椒 ···················· ½小匙

醬汁

芝麻醬 ···················· 1大匙
純釀醬油 ···················· 2小匙
麻油 ······················ 1大匙
七味粉 ······················ 少許

做法

1 白蘿蔔洗淨，切薄片；昆布切絲；花椒乾炒，炒香，備用。

2 用一個陶鍋，先把昆布放在鍋底，再把白蘿蔔片一層層排列在上面。

3 鍋內加入薑片和海鹽後，倒入高湯，加入花椒。

4 將湯煮開後，再用小火煮20分鐘，即可熄火。

5 沾醬的部分，只要將醬汁材料全部混合即可。食用時，使用沾醬可增加風味。

健康小叮嚀

● 當工作壓力大，又抽不出時間打坐時，不妨試著煮這道菜餚來吃。它可以帶給你一種平和的力量，並產生預想不到的全新活力體驗。

辣椒炒大白菜

材料（3人份）

大白菜 ···················· 100公克
乾辣椒 ···················· 2條
高湯 ························· 50cc
麻油 ························· 1小匙
天然海鹽 ·················· 少許

做法

1 大白菜洗淨，切3公分段；乾辣椒去子浸水後，切段，備用。

2 把鍋燒熱，加入高湯與麻油。

3 加入大白菜快速翻炒後，以小火煮4至5分鐘。

4 加入乾辣椒，以海鹽調味後，略微翻炒，即可熄火。

健康小叮嚀

● 很多人平時缺乏運動，累積了大量廢物在身體內，這時可以吃一點辣椒，幫助排汗。皮膚是身體最大的器官，流汗就是在排泄廢物。但是流汗之後，皮膚的溫度可能會驟然降低，所以要注意保暖。

梨子
烏梅湯

材料（4人份）

褐色梨子	1 個
甘草	4公克
鹹味烏梅乾	½ 個
水	2500cc
枸杞	½ 大匙
烏梅醋	2大匙
麥芽糖	50公克

做法

1 梨子洗淨，去子後切片，備用。

2 把梨子、甘草、烏梅乾與枸杞煮開後，繼續用小火煮約1小時，至水減半。

3 加入烏梅醋與麥芽糖。

4 過濾湯汁雜質後，可以趁熱飲用，或是放入保溫瓶保溫。

健康小叮嚀

● 梨子烏梅湯的功效是可以預防咳嗽，增進肺部保健。由於台灣的烏梅乾，大部分都已添加糖分，如果要達到養生的效果，建議選用鹹味烏梅乾。天氣轉涼時，要適時停止攝取精製白糖的分量了。麥芽糖裡的糖分是複合碳水化合物（complex carbohydrate），不會使血糖馬上升高，而是慢慢被釋放到血液裡，讓人因此漸漸穩定起來。常吃精製白糖或喝汽水、果汁一類軟性飲料，消化後血糖會即刻飆升，並即刻猛降，由於波動幅度很大，人的情緒也會隨著上上下下波動不已。而且精製白糖會影響胃酸分泌，無論吃多少，都不會有飽足的感覺。

● 人在飽食後，血液會集中在腸胃，頭腦容易昏沉欲睡。禪者的飲食，只要吃七分飽就足夠，讓腸胃沒有負擔，對萬物可以清楚洞察而不昏沉。

開心果
栗子餅

材料（4人份）

栗子 ·························150公克
開心果 ························1大匙
葡萄乾 ························1大匙

做法

1 栗子煮熟；開心果用烤箱烤香，備用。

2 鍋內加入兩倍栗子的水，栗子煮約10分鐘，待涼；剝掉栗子的外殼和內膜。

3 把栗子和葡萄乾用果汁機打成泥。

4 把開心果用果汁機打成粉狀。

5 用一個大碗，加入栗子泥和開心果粉，攪拌均勻，分成4份。

6 把粉糰捏成球狀，壓入餅印，倒扣出來即可。

健康小叮嚀

● 栗子泥如果沒有即時壓模，放久會變得比較乾燥，這時可以加入少許水保濕。

● 我傳承了母親的餅印。一個個古老手雕的木模，在細膩的花紋裡觸摸得到母親的用心和專注。當精緻的栗子餅呼之欲出時，心裡總是感動不已。我認為用心和專注做料理，是一種在平日生活裡就可體驗到的禪心。心安的感覺，不一定要坐在禪堂裡才能體會得到。

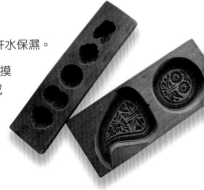

冬季禪食

季禪食

Winter

冬季禪食溫暖餐

冬季的身體保暖，除了增添衣物外，最重要的就是要靠食物的調配來保持身體溫暖。因此，冬季挑選食物時，要選擇具有保暖性質的，例如多吃一些根莖類蔬菜或乾果。

要特別注意的是，不能在冬季吃夏季食物，否則體溫容易快速下降導致生病。雖然現在因為農業發達與國際農產輸送便利，許多本來應該是夏季才生產的蔬果，卻在冬季都買得到，讓許多消費者不明就理，在冬季也天天吃夏季水果，或是生食沙拉，結果身體愈吃愈寒涼，還不知原因為何。

另外，在料理方法上，除少吃生食，冬季的烹調時間也要較長一些，例如燜煮。冬季菜餚味道應以鹹味為主，要多選用根莖類，譬如以紅蘿蔔、白蘿蔔、牛蒡等做料理，會比較適合冬季養生。同時，食物的水分要選用較乾的，例如選用豆干，而不用多水分的豆腐入菜，其餘食材選用可依此類推。

根莖類在泥土中生長時，有些是垂直生長，有些是橫向生長，垂直生長的根莖類蔬菜性質會較橫向生長的溫暖。垂直生長的根莖類蔬菜，包括牛蒡、白蘿蔔、紅蘿蔔等。橫向生長的則包括地瓜、甜菜根等。生長在地面上的蔬菜類，則又比生長在泥土裡的還要涼性。想要吃出健康、吃對食物，就要從選對食材做起！

菜單

開胃菜
蘿蔔葉松子

主食
蕎麥麵豆渣鍋

主菜
蒟蒻燜大頭菜

配菜
南瓜煎

飲料
黑豆蕎麥茶

甜點
黑芝麻脆餅

蘿蔔葉 松子

材料（2人份）

白蘿蔔葉	1棵
薑末	1小匙
高湯	3大匙
麻油	2小匙
味噌	1大匙
紅蘿蔔	1大匙
松子	1大匙

做法

1 白蘿蔔葉洗淨，切段；紅蘿蔔切丁；松子用烤箱烤香；味噌加2大匙水調和，備用。

2 鍋內先加入白蘿蔔葉和薑末，再加入高湯，高湯分量約為蘿蔔葉量的一半。

3 將湯煮開後，再用小火煮約5分鐘，至菜葉軟化。

4 當水分快乾時，以麻油、味噌調味後，加入紅蘿蔔，略為拌一下，即可熄火。

5 最後加入松子即可。

健康小叮嚀

● 白蘿蔔葉含有豐富的礦物質，尤其是鈣質含量特別高，用它來做冬季小菜最養生。白蘿蔔在根莖類蔬菜裡，不但屬於鹼性，性質也非常溫暖。

● 烤過的堅果類比生吃更容易消化。

● 「一物全體」是禪食食療裡一個很重要的觀念。意思是指吃蘿蔔時，要連葉子一起吃，這樣才能吃到蘿蔔的整體能量。只可惜在菜市場裡販售的白蘿蔔，大部分都已除去葉子，十分可惜。

DIY 紅蘿蔔丸子

■ 材料

紅蘿蔔80公克、芋頭20公克、薑末1小匙、芝麻2小匙、高筋全麥麵粉3大匙、天然海鹽 ½ 小匙、耐高溫葵花子油300cc

■ 做法

1. 紅蘿蔔洗淨，切片；芋頭削皮洗淨，切片；芝麻用烤箱烤香，備用。

2. 將紅蘿蔔片、芋頭片以大火蒸軟後，一起壓成泥狀。

3. 蘿蔔泥加入薑末、芝麻、高筋全麥麵粉、海鹽，混合均勻，捏成6個小球形狀。

4. 將葵花子油燒至180℃後，放入蘿蔔球炸30秒鐘，即可撈起，放在吸油紙上，瀝除油分即可。

蕎麥麵豆渣鍋

材料（2人份）

乾蕎麥麵條	60公克
豆渣	2大匙
高湯	400cc
純釀醬油	2大匙
薑末	1大匙
麻油	½大匙
裙帶菜	1小匙
牛蒡	4片
甜豆	6粒
紅蘿蔔丸子	6個
紅蘿蔔片	6片
柳松菇	60公克
葛粉	1大匙
芹菜	少許
茼蒿	1株

醬汁

純釀醬油	1大匙
高湯	1大匙
麥芽糖	1大匙
麻油	1小匙
芝麻粉	1小匙

做法

1. 燒滾一鍋水，放入蕎麥麵，以大火煮軟後，瀝乾水分；牛蒡切絲，備用。

2. 用一個陶鍋，放入高湯、醬油、薑末、麻油、裙帶菜、牛蒡，煮開後，加入蕎麥麵。

3. 加入甜豆、豆渣、紅蘿蔔丸子、紅蘿蔔片、柳松菇，煮1至2分鐘。

4. 葛粉用2大匙水調和，慢慢調入湯裡。

5. 灑上芹菜和茼蒿。

6. 食用前，將醬汁的全部材料攪拌均勻，即可做為豆渣鍋的美味沾醬。

健康小叮嚀

● 蕎麥是很溫暖的食物，很適合在冬天食用。

蒟蒻燜大頭菜

材料（2人份）

蒟蒻 ………………………… 80公克
大頭菜 ……………………… 200公克
麻油 ………………………… 1大匙
麥芽糖 ……………………… 1大匙
純釀醬油 …………………… 1½大匙
高湯 ………………………… 50cc
天然海鹽 …………………… 少許

做法

1 蒟蒻、大頭菜分別洗淨，切細條狀，備用。

2 把鍋燒熱，加入蒟蒻，以麻油、麥芽糖、醬油調味後，再煮1至2分鐘。

3 先加入大頭菜翻炒，再加入高湯。

4 最後以海鹽調味，煮至水快乾時即可。

健康小叮嚀

● 蒟蒻和大頭菜的纖維含量非常高，可以使大腸通暢。

南瓜煎

材料（2人份）

南瓜 ……………………… 6片

耐高溫葵花子油 ………… 2大匙

醬汁

味噌 ……………………… ¼大匙

麥芽糖 …………………… 1大匙

高湯 ……………………… ½大匙

做法

1 將醬汁全部材料攪拌均勻，備用。

2 起油鍋，把南瓜排列在鍋內，煎至金黃色。

3 把醬汁淋在南瓜煎上即可。

健康小叮嚀

● 南瓜是非常中性的食物，常吃南瓜，可以幫助提昇視力和耐力。

黑豆蕎麥茶

材料（2人份）

蕎麥 ···················· 1小匙
黑豆 ···················· 1小匙
水 ······················ 400cc
天然海鹽 ················ 少許

做法

1 黑豆泡水約8小時，瀝乾水分；蕎麥清洗乾淨，備用。

2 以小火乾炒黑豆20分鐘。

3 另取一個鍋，以小火乾炒蕎麥約10分鐘。

4 將水煮開，加入蕎麥、黑豆和海鹽，再用小火煮5至10分鐘，熄火。

5 將茶汁過濾後，即可飲用。

健康小叮嚀

● 黑豆蕎麥茶是高能量飲料，專調胃寒和四肢冰冷。黑豆是冬季不可缺少的營養食品，如果有耳鳴的問題，可以試著每天吃少量黑豆做的料理，或喝黑豆茶。豆類的攝取分量，建議約占全餐的5％，但是冬季的分量可以增加到10％至15％。

黑芝麻脆餅

材料（2人份）

黑芝麻粒	25公克
低筋全麥麵粉	30公克
麥芽糖	40公克
麻油	15公克
天然海鹽	少許

做法

1 黑芝麻粒乾炒，炒香，備用。

2 用一個大碗，把黑芝麻粒、麵粉、麥芽糖、麻油、海鹽一起拌勻。

3 把麵糰放在兩張保鮮紙中間，用桿麵棍壓成薄片。

4 烤箱預熱至170℃，把麵糰放入烘盤裡，烘烤8分鐘。

5 烤好後，取出，待涼。

健康小叮嚀

● 芝麻是溫性食物，是保健肌肉、腦部、骨骼的優質食物。黑芝麻的鈣質比褐、白芝麻稍微高一些，可以優先選用。

冬季禪食滋補餐

料理用的甜味最好從天然蔬菜或乾果中攝取。簡單自然風味的甜品，是那麼的不造作，吃起來會讓人感覺好舒服！好滿足！真正的烹調方法不使用含化學添加的調味料和配料，只用簡單的基本調味品，就能帶出食物自然的風味。

有些人因為平日吃太多含化學物質的食品，味蕾不甚敏感，因此在吃自然風味食物時，可能會覺得太清淡，而不想再多嘗試。遇到這種情形時，不妨試試應用禪修裡的「吃飯禪」。吃飯時，細細咀嚼食物，每口咀嚼約50次，食物的原味就能慢慢品嘗得到了。這時，你會品嘗到食物的各種不同味道及口感。禪修久了，神經系統會變得比較敏感，如果食物含化學物質調味料或被污染了，馬上就能分辨得出來，也更珍惜自然食物的可貴。

在適合靜心潛沉修養的冬季，特別安排這一套禪食，幫助大家從天然食材滋補養分，除了極有冬季養生食材特色的桂圓榛果、乾蘿蔔香菇胡椒湯、芥菜泡菜五味飯、紅豆紅棗燜冬瓜、綠花椰菜煮海帶芽，還做了一道小巧草莓杯子糕，希望讓大家用餐後，能有溫馨甜美的暖意。

菜單

開胃菜
桂圓榛果

湯品
乾蘿蔔香菇胡椒湯

主食
芥菜泡菜五味飯

主菜
紅豆紅棗燜冬瓜

配菜
綠花椰菜煮海帶芽

甜點
小巧草莓杯子糕

桂圓榛果

材料（2人份）

榛果 ……………………… 40公克
水 ………………………… 100cc
桂圓乾 …………………… 20公克
天然海鹽 ………………… 少許

做法

1　榛果洗淨，泡水約6小時，瀝乾水分，備用。

2　把水煮開，加入榛果和桂圓乾，用小火煮5分鐘，至水快煮乾時，熄火。

3　最後以海鹽調味即可。

健康小叮嚀

● 榛果的脂肪含量豐富，可增加身體熱量，具有保暖功效。除含有礦物質、脂肪、蛋白質、氨基酸，還含有五種維他命B，經常食用，可使性情變得溫和穩定。

乾蘿蔔香菇胡椒湯

●材料（2人份）

乾蘿蔔絲	80公克
乾香菇	4個
黑胡椒粒	4粒
紅蘿蔔	30公克
高湯	500cc
天然海鹽	少許

●做法

1 將乾香菇的莖部黑色部分剪掉，清洗乾淨後，用100cc水泡10至20分鐘，切絲；黑胡椒粒拍碎；紅蘿蔔切片，備用。

2 鍋內加入所有的材料、高湯和香菇水，以大火煮滾後，改為小火繼續煮15至20分鐘後，熄火。

3 最後以海鹽調味即可。

健康小叮嚀

● 這是一道簡單的湯，但頗具養生功效。不但有平衡肝膽的功能，還能夠化痰退燒，排除身體內過量的鹽分。

DIY 芥菜泡菜

■ 材料

芥菜200公克、天然海鹽4公克

■ 做法

1. 芥菜洗淨,瀝乾水分,切成1公分寬度。

2. 將芥菜放入一個大碗,加入海鹽後,用手擠
壓、抓揉至出水。

3. 將芥菜放入製作泡菜的容器,在室溫內發酵
2至3天,每天攪拌一次。

4. 當芥菜的味道發酸時,就可以放入冰箱冷藏
保存。

芥菜泡菜五味飯

材料（2人份）

糙米	100公克
薑末	1小匙
高湯	250公克
天然海鹽	少許
蓮子	20公克
新鮮黑木耳	5公克
牛蒡	20公克
紅蘿蔔	20公克
麻油	1大匙
純釀醬油	1大匙
昆布	2公分
香菇水	少許
芥菜泡菜	100公克
花生	2大匙

做法

1 糙米洗淨，催芽8小時，瀝乾水分；蓮子用水浸泡約8小時，把外膜和蓮心去掉；芥菜泡菜切1公分寬度；花生用烤箱烤香後，切碎，備用。

2 昆布切絲；黑木耳切絲；牛蒡切絲；紅蘿蔔切1公分丁，備用。

3 陶鍋內放入昆布、薑末和糙米，加入高湯和海鹽。

4 把湯煮開，再用小火繼續煮15至20分鐘，待湯汁收乾，熄火。

5 另熱油鍋，把蓮子、黑木耳、牛蒡和紅蘿蔔一起拌炒均勻。

6 待飯煮好，加入 芥菜泡菜 、花生，並以麻油、醬油、香菇水調味即可。

健康小叮嚀

● 提昇禪坐的耐力，除了要靠心力，也可以藉這道五味飯提供活力。

紅豆紅棗燜冬瓜

材料（2人份）

冬瓜	200公克
紅豆	1大匙
紅棗	4個
高湯	100cc
滷豆干	4片
高麗菜苗	3棵
天然海鹽	少許
純釀醬油	1小匙

做法

1. 冬瓜切3公分寬方塊；紅豆煮熟；紅棗切片；滷豆干切絲；高麗菜苗洗乾淨，備用。

2. 鍋內加入冬瓜、高湯、紅棗和紅豆之後，煮約15分鐘。

3. 煮至湯汁快要收乾時，加入海鹽和高麗菜苗。蓋上鍋蓋，燜1至2分鐘後，加入醬油調味，熄火。

4. 最後把豆干絲擺在冬瓜上面即可。

健康小叮嚀

● 紅豆如可以改用赤小豆更佳，營養成分更高。

綠花椰菜煮海帶芽

材料（2人份）

綠花椰菜 ……………… 150公克
海帶嫩芽 ……………… 2公克
糙米米粉 ……………… 15公克
薑 …………………………… 1片
紅蘿蔔 ……………………… 2片
麻油 …………………… ½大匙
純釀醬油 ………………… 1小匙
天然海鹽 ………………… 少許

做法

1 綠花椰菜清洗乾淨，剝小朵汆燙；海帶嫩芽用2大匙水泡1至2分鐘；糙米米粉煮熟；薑片切絲；紅蘿蔔片切絲，備用。

2 鍋內加入海帶嫩芽和水，以醬油調味，煮1至2分鐘收乾湯汁，撈起，熄火。

3 把海帶嫩芽和花椰菜放入大碗中，加入糙米米粉、紅蘿蔔絲、麻油、海鹽攪拌均勻即可。

健康小叮嚀

● 綠花椰菜裡的胡蘿蔔素含量豐富，有很好的抗氧化功能。但甲狀腺有狀況者要避免多吃。

小巧草莓杯子糕

材料（6人份）

麵粉 ………………………… 100公克
無鋁發粉 …………………… 3公克
麥芽糖 ……………………… 40公克
耐高溫葵花子油 …………… 40公克
無糖豆漿 …………………… 60公克
天然海鹽 …………………… 2公克
葡萄乾 ……………………… 40公克
無糖草莓果醬 ……………… 60公克
草莓 ………………………… 12片

做法

1 把麵粉與發粉放入大碗內，攪拌均勻。

2 另取一個大碗，把麥芽糖以1小匙熱水調稀，再加入葵花子油、豆漿、海鹽，用打蛋器打至黏稠。

3 把做法1材料慢慢加入做法2攪拌。

4 加入剁碎的葡萄乾與40公克 無糖草莓果醬 ，攪拌均勻。

5 將麵糊倒入小杯子中，然後在上面以20公克無糖草莓果醬做點綴。

6 烤箱預熱至170℃，再放入杯子糕烤15至20分鐘。

7 取出杯子糕，待涼。

DIY 無糖草莓果醬

■ 材料
草莓100公克、葛粉5公克

■ 做法
1. 草莓用果汁機打成醬，但要保留少許顆粒狀。
2. 草莓果醬放入鍋內，把醬汁煮開。
3. 醬汁煮至水分剩下一半時，用2大匙水把葛粉溶化，將葛粉漿加入醬汁攪拌，即可熄火。
4. 待涼，裝入玻璃罐，放入冰箱冷藏保存。

禪味
廚房❶

四季禪食

國家圖書館出版品預行編目資料

四季禪食 / 林孝雲著. --初版. --臺北市：法
鼓文化, 2010.10
　　面；　公分
　　ISBN 978-957-598-538-7（平裝）

　1. 素食食譜

427.31　　　　　　　　　　　　99017217

作者／林孝雲

攝影／文志傑

出版／法鼓文化

總監／釋果賢

總編輯／陳重光

編輯／張晴、李金瑛

美術編輯／周家瑤

地址／臺北市北投區公館路186號5樓

電話／(02)2893-4646

傳真／(02)2896-0731

網址／http://www.ddc.com.tw

E-mail／market@ddc.com.tw

讀者服務專線／(02)2896-1600

初版一刷／2010年10月

初版六刷／2020年9月

建議售價／新臺幣300元

郵撥帳號／50013371

戶名／財團法人法鼓山文教基金會－法鼓文化

北美經銷處／紐約東初禪寺

Chan Meditation Center (New York, USA)

Tel／(718)592-6593

Fax／(718)592-0717